Elisabeth Judas,
Martina und Joachim Michalik

Lustiges aus Holz

Holzarbeiten für Kinder und Erwachsene

frechverlag

Im frechverlag sind zahlreiche Bücher zu weiteren Kreativ-Themen erschienen. Hier eine Auswahl:

TOPP 1895

TOPP 1942

TOPP 1930

TOPP 1937

TOPP 1870

TOPP 1892

Fotos: frechverlag GmbH + Co. Druck KG, 70499 Stuttgart;
Rudolf Fotodesign

Auflage: 5. 4. Letzte Zahlen
Jahr: 1999 98 97 maßgebend

ISBN 3-7724-2004-4 · Best.-Nr. 2004

frechverlag GmbH + Co. Druck KG, 70499 Stuttgart
Druck: frechverlag GmbH + Co. Druck KG, 70499 Stuttgart

Häufig ist es schwierig, die Spuren zurückzuverfolgen, um herauszufinden, wie alles angefangen hat.
Da war zunächst die Freude, in der Küche aus vier Millimeter starkem Limbasperrholz und mit relativ bescheidenem Werkzeug – Handlaubsäge, Schleifpapier und Farbe – Laubsägearbeiten unterschiedlicher Art herzustellen und zu verschenken.
Bald wurde der Handbetrieb jedoch eingestellt und eine Dekupiersäge angeschafft. Damit wurden die Möglichkeiten der Holzgestaltung wesentlich erweitert.
Doch inzwischen war es immer schwieriger, entsprechende Vorlagen zu finden.
Eines Tages erhielt ich von meiner Schwägerin, Elisabeth Judas, als Geburtstagsgeschenk einen Entwurf für eine Kindergarderobe für meine Tochter.
Damit war der Grundstein für eine dreiköpfige „Ideenschmiede“ gelegt. Wir stellten immer wieder Holzarbeiten für Kinder und zunehmend auch für Erwachsene her.
Gelegenheiten zum Verschenken gab es genug – Geburtstage, Weihnachten, Gastgeschenke …
Was ist nun das Besondere an diesen Geschenken?
Erstens ist jedes Objekt ein Einzelstück: entweder ist die Form eine jeweils andere oder aber die Bemalung. Zudem sind solche Geschenke nicht nur preiswert, sondern in jedem Fall sehr persönlich. Gerade Kinder freuen sich ganz besonders über diese lustigen und farbenfrohen Spielzeuge.
Wir möchten Sie mit diesem Buch dazu anregen, die dargestellten Arbeiten selbst herzustellen.
Für wenig geübte Bastler sind die Türwächter in diesem Buch am einfachsten herzustellen. Schon ein wenig aufwendiger sind die Klettertiere. Die mehrschichtigen Puzzles erfordern Erfahrung und eine gerade Haltung der Laubsäge.
Viele Freunde stellten uns immer wieder die Frage: „Woher habt Ihr die Entwürfe?“ Die Erfahrung zeigt, daß es gar nicht so schwierig ist, eigene Pläne für Holzarbeiten zu entwickeln. Deshalb möchten wir Sie mit diesem Buch auch dazu ermutigen, selbst Entwürfe zu gestalten und diese umzusetzen.

Bei diesem Unternehmen wünschen wir Ihnen viel Freude!

Elisabeth Judas, Martina und Joachim Michalik

Allgemeine Hinweise

Werkzeuge
Standardausstattung

- Transparentpapier
- Kohlepapier
- Bleistift
- Kugelschreiber
- Laubsäge mit feinen und mittleren Sägeblättern
- Schleifklotz mit mittlerem und feinem Schleifpapier
- Bohrer
- Holzleim
- zwei schwere Bücher
- Farben
- Pinsel

Weitere Ausstattungsgegenstände

- Dekupiersäge für die Ausschnitte
- Zwingen
- Hand- oder Kreissäge zum Abrichten der Kanten (statt schleifen)

Der Werkzeughändler wird Ihnen sicherlich viele Tips für weitere Anschaffungen geben können.

Sägen

Alle Objekte in diesem Buch können sowohl mit einer Handlaubsäge als auch mit einer elektrischen Dekupiersäge ausgesägt werden. Bei der Verwendung einer Handlaubsäge sollten Sie darauf achten, daß die Säge genau senkrecht gehalten wird, damit die Schnitte gerade werden.

Puzzles müssen immer aus der Mitte des Werkstücks ausgesägt werden. Damit der Rahmen des Puzzles nicht zersägt wird, muß zunächst mit einem 1-mm-Bohrer ein winziges Loch in die Holzplatte gebohrt werden. Das Loch wird am besten an eine Stelle gesetzt, an der drei oder mehr Puzzleteile aneinanderstoßen. Durch dieses Loch wird dann das Sägeblatt gesteckt und anschließend in die Säge eingespannt. Nachdem die Puzzleteile ausgesägt wurden, wird das Sägeblatt wieder an einer Seite aus der Säge ausgespannt. Dadurch bleibt der Holzrand als Ganzes erhalten.

Sägeblätter

Für die Puzzles verwenden Sie am besten Sägeblätter mit der Nr. 1, höchstens jedoch Nr. 2. Je stärker die Sägeblätter sind, desto mehr „Spiel“ bekommen die Teile, d.h. desto mehr wackeln die Teile im fertigen Puzzle hin und her.
Für die Klettertiere, Mobiles und Schwingtiere können Sägeblätter Nr. 2–3 verwendet werden.
Die Türwächter können mit Sägeblättern der Stärke Nr. 3 und mehr ausgesägt werden.

Auswahl des Holzes

Die in diesem Buch vorgestellten Arbeiten wurden in vielen Fällen aus Hölzern hergestellt, die wir irgendwo preiswert erhalten haben, geschenkt bekamen oder die sich im Keller fanden. Diese Form der Holzauswahl ist preiswert und macht deutlich, daß es in diesem Bereich keine allgemeingültige Regel gibt. Doch aufgrund unserer Erfahrungen können wir Ihnen an dieser Stelle folgende Tips geben:

Sperrholz

Achten Sie bei Sperrholz auf gute Qualität. Beispielsweise sollten Sie auf keinen Fall Billigholz (etwa Gabun) verwenden, während Ahorn-Sperrholz nach unseren Erfahrungen am besten geeignet ist. Allerdings ist diese Holzart nur in wenigen Fachgeschäften zu finden.
Aus ökologischen Gründen sollten Sie keine Tropenhölzer verwenden. Falls Sie unsicher sind, können Sie Ihren Fachhändler fragen. Inzwischen nehmen jedoch viele Händler von sich aus diese Hölzer aus ihrem Sortiment und machen gerne darauf aufmerksam.
Folgende Holzmaße haben wir verwendet:
1 mm für Mobiles
3 und 4 mm für Mobiles, Puzzles und Klettertiere
8 und 10 mm für Türwächter

Woher nehmen?

Die einzelnen Materialien finden Sie in folgenden Fachgeschäften:
Modellbaufachgeschäfte für Sperrhölzer zwischen 0,8 mm und 4 mm Stärke: Hier haben die Plattengrößen ein handliches Format von 20 cm x 30 cm. Hinzu kommt der Vorteil, daß man die Hölzer selbst auswählen kann und ärgerliche, aber unvermeidliche Holzfehler auf ein Minimum reduzieren kann.

Baumärkte für Zuschnitte:
Dort erhalten Sie in der Regel nur Sperrholzplatten, die 4 mm dick oder stärker sind. Eine Auswahl der Platten ist jedoch nicht möglich. Dafür sind die Preise niedriger als in den Modellbaufachgeschäften.

Holzfachhandel für große Platten (220 cm x 122 cm):
Wer Freude an diesen Holzarbeiten gefunden hat und über genügend Platz in der Wohnung verfügt, wird sich bald mit dem Gedanken tragen, eine schöne Platte zu kaufen. Der Quadratmeterpreis einer solchen Platte ist in der Regel nur halb so hoch wie der für das gleiche, zugeschnittene Holz.
Grundsätzlich gilt: Suchen Sie das Holz möglichst im Fachhandel aus!

Bohren von Löchern

Legen Sie beim Bohren von Löchern ein dickeres Holzstück unter die Stelle, an der Sie bohren möchten. Dies verhindert, daß das Holz an der Austrittstelle des Bohrers ausreißt. Bohren Sie mit nur ganz leichtem Druck durch das Holz hindurch in den untergelegten Holzklotz hinein, und ziehen Sie den sich weiter drehenden Bohrer langsam wieder heraus.

Übertragen einer Vorlage

Es gibt mehrere Möglichkeiten, eine Vorlage auf das Holz zu übertragen.

Legen Sie Transparentpapier auf den Vorlagenbogen, und übertragen Sie die Konturen mit einem weichen Bleistift. Nun wird das Papier mit der Bleistiftseite nach unten auf das Holz gelegt und die Kontur beispielsweise mit einem Kugelschreiber nachgezogen. Bei dieser Methode wird die Vorlage seitenverkehrt übertragen. Dies spielt bei Klettertieren, Schwingtieren, Mobiles und Türwächtern keine Rolle. Die später ausgesägten Teile werden einfach umgedreht. Bei Puzzles ist diese Methode weniger geeignet. Einfache Puzzles können zwar mit der ganzen oberen Holzplatte umgedreht werden, doch mehrschichtige Puzzles müssen seitenverkehrt bleiben, sonst gibt es Probleme bei der Positionierung des Motives auf der unteren Holzschicht.
Speziell bei Puzzles ist es daher einfacher, die Vorlagen mit Hilfe von Kohlepapier zu übertragen. Legen Sie das Kohlepapier mit der abfärbenden Seite nach unten auf das Holz und die Vorlage darüber (Vorlagenbogen, eine Kopie oder ein Motiv auf Transparentpapier). Fahren Sie die Konturen mit einem festen Gegenstand nach (z.B. einer Stricknadel). Diese Methode ist besonders für mehrschichtige Puzzles geeignet.

Bearbeitung ausgesägter Holzteile

Behandeln Sie alle ausgesägten Holzteile vor der weiteren Verarbeitung zunächst mit einem feinen Schleifpapier (Körnung 120 bis 180). Entfernen Sie dabei alle Markierungslinien, die nach dem Übertragen der Vorlage auf das Holz zu sehen sind und die Sie nicht mehr benötigen. Die Kanten und Seiten der einzelnen Holzteile werden, soweit notwendig, glattgeschliffen.
Achten Sie bei Puzzles darauf, daß Sie die Seiten der Puzzleteile nur ganz minimal schleifen, damit die Teile gut ineinanderpassen. Die Außenränder der Puzzleholzplatten werden erst nach dem Aufeinanderleimen glattgeschliffen. Nur so erhalten Sie eine schöne, gleichmäßige Außenkante.

Leimen

Verwenden Sie am besten einen handelsüblichen Expreß-Leim. Schon nach kurzer Zeit, etwa einer Stunde, ist die Stabilität Ihrer Holzarbeiten sehr hoch. Während des Abbindens des Leims spannen Sie die Werkstücke, soweit möglich, in Zwingen. Wer diese Ausgabe scheut, kann schwere Bücher oder zwei Sandsteine verwenden, die auf die zu leimenden Werkstücke gelegt werden.
Eine gute Leimung erkennt man an austretendem Leim. Solange dieser noch nicht abgebunden ist, läßt er sich am einfachsten entfernen.

Farben und Wachse

Die Wahl der Farben ist in erster Linie vom persönlichen Geschmack abhängig. Für jede Art der Farben gibt es ein eigenes Farbsortiment, so daß die Entscheidung zunächst einmal vom eigenen Farbempfinden abhängt.

Hochglanzlack auf Wasserbasis:

Für einen Teil der Arbeiten haben wir diesen Lack verwendet. Er ist gut deckend und läßt sich sehr leicht mit Wasser wieder aus dem Pinsel auswaschen.

Plakatfarbe, Farbe für Bauernmalerei: Diese Farben sind gut deckend, müssen jedoch abschließend mit einem Klarlack überzogen werden. Die Oberfläche der Holzteile wird durch den doppelten Auftrag von Farbe und Lack sehr glatt.

Wachs: Diejenigen Holzteile, die nicht mit einer Farbe bemalt werden, sollten Sie zum Schutz mit Wachs behandeln. Die Oberfläche bekommt dadurch ein sehr schönes Aussehen und wird unempfindlich gegen Schmutz. Wachs hat den großen Vorteil, daß die Maserung des Holzes sichtbar bleibt. Die Türwächter haben wir mit einem farbigen Wachs behandelt. Dadurch ist die Struktur des Holzes sichtbar erhalten geblieben. Bei der Verwendung von farbigem Wachs ist es unvermeidbar, daß die Holzarbeit nicht ganz gleichmäßig eingefärbt wird. Dies liegt an der Struktur des Holzes. Die weicheren Stellen nehmen mehr Farbe auf, die härteren hingegen weniger. Eine ganz gleichmäßige Einfärbung ist nur mit einem Lack oder einer anderen gut deckenden Farbe zu erzielen. Dann ist jedoch die Holzstruktur nicht mehr sichtbar. Bei der Auswahl sollten Sie darauf achten, daß es sich um Wachs handelt, das „speichelecht" und „für die Herstellung von Spielzeug geeignet" ist.

Die Oberfläche bemalter Holzarbeiten wird selten ganz glatt sein. Das liegt daran, daß das Holz beim Farbauftrag etwas aufquillt und die Holzfasern sich aufstellen. Um eine möglichst glatte Oberfläche zu erzielen, können Sie:

- nach dem Farbauftrag (vor dem eventuellen Überzug mit einem Klarlack) mit einem feinen Schleifpapier die aufgestellten Holzfasern abschleifen und die Farbe ein zweites Mal auftragen, oder
- vor dem Farbauftrag die Holzarbeit mit einem dicken Pinsel mit Wasser einpinseln, gut trocknen lassen und die aufgestellten Holzfasern abschleifen (diese Methode eignet sich nicht für Puzzles, da die Seiten ränder aufquellen können!).

Achtung: Bemalen Sie bei Puzzles nur die Oberseite der Puzzleteile. Beim Bemalen der Seiten können sich die Holzfasern so weit aufstellen, daß sich das Puzzle nicht mehr zusammensetzen läßt. Denn die Holzfasern lassen sich dort nur sehr schlecht abschleifen.

Pinsel

Für große Flächen sind breite Haarpinsel geeignet. Damit läßt sich die Farbe schnell und gleichmäßig auftragen.

Für kleine Muster und Punkte verwenden wir Marderhaarpinsel der Stärke 1 und 2. Sie haben eine Spitze, mit der sich sehr exakt arbeiten läßt.

Puzzles

Alle Puzzles in diesem Buch wurden für Kinder gebastelt. Auf eine Altersangabe haben wir bewußt verzichtet, da dies fast unmöglich ist. Wir haben uns auf die Anmerkung beschränkt, ob ein Puzzle eher für kleinere (etwa 3 Jahre alte) oder eher für größere Kinder geeignet ist.

Wir haben in diesem Buch zwei verschiedene Arten von Puzzles zusammengestellt:

Normale Holzpuzzles
Dies sind Puzzles, die aus einer Holzschicht bestehen und auf einer Trägerplatte angebracht sind.

Mehrschichtige Puzzles
Diese mehrschichtigen Puzzles sind für Kinder besonders reizvoll. Sie bestehen aus zwei Ebenen. Wird die obere Schicht entfernt (z.B. eine Blumenwiese mit einem Maulwurf), dann wird eine weitere Schicht sichtbar (Maulwurfgänge unter der Wiese), die ebenfalls aus Puzzleteilen besteht. Thematisch stehen beide Ebenen in Beziehung zueinander.

Pilze

Dieses Puzzle ist besonders für kleinere Kinder geeignet, da die Teile leicht an den aufgeleimten Tieren festgehalten werden können.

Anzahl der Teile:
- 5 große Teile

Material:
- 2 Sperrholzplatten, 4 mm, 19 cm x 19 cm
- Sperrholzrest, 4 mm, 5 cm x 15 cm

Übertragen Sie die Vorlage mit Hilfe von Kohlepapier auf eine der beiden Sperrholzplatten, und sägen Sie die fünf großen Puzzleteile aus. Die Tiere werden aus dem Holzrest ausgesägt.

Leimen Sie den Rand des Puzzles auf die untere Holzplatte.

Bemalen Sie die Puzzleteile, nicht jedoch deren Ränder und Unterseiten. Dann bemalen Sie die Tiere, lassen aber die Unterseiten unbemalt. Die Stellen der Puzzleteile, an denen die Tiere aufgeklebt werden, bleiben zum größten Teil unbemalt, damit der Holzleim direkt auf das Holz aufgetragen werden kann. Abschließend werden Maus, Schnecke und Schmetterling aufgeleimt.

Schmetterling und Schlange

Diese Puzzles sind eher für größere Kinder geeignet, obwohl sie zunächst nicht schwierig aussehen. Der Schmetterling und die Schlange sind für kleine Kinder deshalb nicht einfach, weil die einzelnen Teile einfarbig angemalt und nicht als Gegenstände (z.B. als Pilz) erkennbar sind. Die Schlange muß zudem von einem Ende her (entweder vom Kopf oder vom Schwanz) eingesetzt werden.

Anzahl der Teile für den Schmetterling:

❑ 19 Teile

Anzahl der Teile für die Schlange:

❑ 9 Teile

Material für den Schmetterling:

❑ 2 Sperrholzplatten, 4 mm, 19 cm x 19 cm

Material für die Schlange:

❑ 2 Sperrholzplatten, 4 mm, 8 cm x 19 cm

Übertragen Sie das Motiv auf eine Sperrholzplatte, und sägen Sie die Puzzleteile aus.

Leimen Sie den Holzrand auf die zugehörige untere Holzplatte. Abschließend werden die Oberseiten der Puzzleteile bunt bemalt.

Spülmaschine

Das Spülmaschinen-Puzzle können schon kleine Kinder zusammensetzen, da die Teile klar erkennbare Gegenstände darstellen und einzeln eingesetzt werden müssen.

Anzahl der Teile:

- ❑ 1. Ebene: 1 Teil
- ❑ 2. Ebene: 6 Teile

Material:

- ❑ 3 Sperrholzplatten, 4 mm, 17 cm x 22 cm
- ❑ 1 viereckige Holzperle, ca. 8 mm x 8 mm x 8 mm

Übertragen Sie zunächst den Türausschnitt und die Bedienungsleiste mit Hilfe von Kohlepapier auf die obere Sperrholzplatte (Außenansicht der Spülmaschine), und sägen Sie die Spülmaschinentür aus.

Legen Sie die obere Sperrholzplatte mit dem Türausschnitt auf die mittlere Holzplatte. Zeichnen Sie nun mit einem Bleistift leicht den Türumriß an. Nun übertragen Sie die Vorlage auf die mittlere Holzplatte (Innenansicht der Spülmaschine), und zwar in den angezeichneten Türumriß hinein. Dann werden die Teile einzeln ausgesägt.

Leimen Sie die unteren zwei Holzplatten aufeinander. Nach dem Abbinden des Holzleims wird die dritte Platte aufgeleimt.

Die Holzperle wird als Spülmaschinengriff auf die Tür geklebt und das Puzzle abschließend bemalt.

Tip:
Beim Aussägen von symmetrischen Puzzleteilen, wie z.B. dem runden Teller in der Spülmaschine, muß sehr exakt gearbeitet werden.
Sollte es dennoch der Fall sein, daß sich der Teller schlecht einsetzen läßt und oft verkantet (gerade bei kleinen Kindern), so kann ein wenig mit Schleifpapier nachgeholfen werden, indem der Teller rundherum geschliffen wird.
Führt dies nicht zum gewünschten Erfolg, so kann mit Farbe die Orientierung erleichtert werden.
Dabei wird der Teller in das Puzzle eingesetzt und so bemalt, daß über den Rand hinaus auch auf dem umgebenden Holzteil ein kleiner, bunter Ring entsteht.
Der Teller muß in diesem Fall aus mindestens zwei verschiedenen Farben bestehen.

Kleiderkoffer

Dieses Puzzle ist besonders für kleine Kinder geeignet. Die Kleidungsstücke sind für Kinder klar erkennbar und werden einzeln eingesetzt.

Anzahl der Teile:

- 1. Ebene: 3 Teile
- 2. Ebene: 6 Teile

Material:

- 3 Sperrholzplatten, 4 mm, 21 cm x 15 cm

Übertragen Sie die Außenansicht des Kleiderkoffers auf die obere Sperrholzplatte, und sägen Sie die drei großen Teile aus.
Legen Sie nun diese Holzplatte auf die mittlere Platte, und zeichnen Sie mit einem Bleistift die äußeren Konturen des Koffers auf.
Übertragen Sie die Kleidungsstücke auf die mittlere Holzplatte in den angezeichneten Ausschnitt hinein, und sägen Sie diese aus.
Die Kleidungsstücke sind auf der Vorlage so aufgezeichnet, daß sie einander berühren. Dies hat den Vorteil, daß für das Aussägen nur ein Loch gebohrt werden muß und die Teile dann einzeln nacheinander ausgesägt werden können, ohne daß das Sägeblatt immer wieder neu eingespannt werden muß.
Leimen Sie nun die unteren beiden Holzplatten aufeinander.
Nachdem der Holzleim abgebunden ist, kann der Rahmen des Koffers geleimt werden.
Abschließend wird das Puzzle bunt bemalt.

Apfel und Birne

Dieses Puzzle ist auch für kleinere Kinder geeignet.

Anzahl der Teile:

- 1. Ebene: 15 Teile
- 2. Ebene: 16 Teile

Material:

- 3 Sperrholzplatten, 4 mm, 25 cm x 15 cm

Übertragen Sie zunächst die Vorlage auf die obere Sperrholzplatte (Apfel und Birne von außen), und sägen Sie die Teile aus. Setzen Sie dabei gleich den Apfel und die Birne zusammen, damit Sie die Teile später nicht mühsam zusammensuchen müssen.

Legen Sie nun den Rand des Puzzles auf die mittlere Holzplatte, und zeichnen Sie mit einem Bleistift den Innenrand an. Lassen Sie den Rand liegen, und setzen Sie die vier großen Puzzleteile ein – ohne die kleinen Teile für Apfel und Birne. Markieren Sie auf der mittleren Platte die Konturen für Apfel sowie Birne, und entfernen Sie sowohl die Puzzleteile als auch den Holzrand.

Übertragen Sie anschließend die Vorlage auf die mittlere Sperrholzplatte. Achten Sie dabei darauf, daß das Innenleben von Apfel und Birne etwa in der Mitte des Obstes eingezeichnet wird. Nun werden die Puzzleteile ausgesägt und geordnet zur Seite gelegt.

Leimen Sie die unteren zwei Holzplatten aufeinander. Nach dem Abbinden des Holzleims wird der Rahmen aufgeleimt. Orientieren Sie sich an dem aufgezeichneten Puzzlerand auf der mittleren Platte.

Zum Schluß werden die Oberseiten der Puzzleteile bunt bemalt.

Gefangener

Dieses Puzzle ist für ältere Kinder geeignet, da es aus vielen kleinen Teilen besteht. Den Reiz dieses Puzzles macht die durchbrochene obere Holzschicht aus.

Anzahl der Teile:

- ❑ 1. Ebene: 33 Teile
- ❑ 2. Ebene: 25 Teile

Material:

- ❑ 3 Sperrholzplatten, 4 mm, 20 cm x 20 cm

Bei diesem Puzzle ist es wichtig, daß Sägeblätter der Nr. 1 verwendet werden.
Bei so vielen Teilen würde das Puzzle zuviel „Spiel“ bekommen, wenn man stärkere Sägeblätter verwenden würde.

Übertragen Sie zunächst die Vorlage auf die obere Sperrholzplatte (Mauer mit Gitterstäben), und sägen Sie die Puzzleteile aus.
Legen Sie die einzelnen Teile gleich geordnet zur Seite, damit Sie beim späteren Bemalen nicht alles wieder mühsam zusammensetzen müssen – das ist bei vielen kleinen, unbemalten Teilen schwierig.

Legen Sie den Rand des Puzzles auf die mittlere Holzplatte, und zeichnen Sie den Innenrand leicht an.
Nun werden die Teile ausgesägt und geordnet weggelegt.

Leimen Sie die unteren beiden Platten aufeinander.
Nach dem Abbinden des Holzleims wird der Rahmen des Puzzles aufgeleimt.

Abschließend werden die Teile bunt bemalt (nur die Oberseiten, nicht die Ränder der Puzzleteile).

Maulwurf

Dieses Puzzle fasziniert besonders kleinere Kinder, ist aber eher für etwas größere Kinder geeignet.

Anzahl der Teile:
- 1. Ebene: 11 Teile
- 2. Ebene: 15 Teile

Material:
- 3 Sperrholzplatten, 4 mm, 21 cm x 19 cm

Übertragen Sie die Vorlage auf die obere Sperrholzplatte – Blumenwiese mit Maulwurf –, und sägen Sie die Teile aus.

Legen Sie den Rahmen des Puzzles auf die mittlere Holzplatte, und zeichnen Sie den Innenrand leicht an. Nun werden die Teile ausgesägt.

Leimen Sie die unteren beiden Platten aufeinander. Nach dem Abbinden des Holzleims wird der Rahmen aufgeleimt.

Abschließend werden die Teile bunt bemalt.
Für die Blumenwiese wird zuerst die grüne Farbe aufgetragen, und die Blumen werden anschließend aufgemalt.

Klettertiere

Klettertiere sind ein beliebtes Spielzeug – nicht nur für Kinder. Durch abwechselndes Ziehen an den Schnüren klettern die Tiere langsam nach oben.

Auffädeln der Klettertiere:
Wir haben unsere Klettertiere auf zwei verschiedene Weisen aufgefädelt. Bei der ersten Variante bleibt das obere Motiv unbeweglich, bei der zweiten schaukelt es beim Klettern hin und her.

Eine Abbildung auf dem Vorlagenbogen zeigt Ihnen, wie die Schnur gefädelt und geknotet werden muß, damit die Tiere klettern können.
Auf der Rückseite eines Klettertieres werden zwei Holzscheiben mit je einer Bohrung (oder eine Holzleiste mit zwei Bohrungen) festgeleimt. Diese Bohrungen müssen unbedingt schräg (siehe Skizze) laufen.

Variante 1
Auf die Rückseite des oberen Motivs wird eine Holzleiste mit zwei Löchern geleimt, durch die die Schnur gezogen wird. Das Motiv bewegt sich dadurch beim Klettern mit.

Variante 2
Auf die Rückseite des oberen Motivs werden zwei kleine Holzleisten geleimt. Durch die zwei Löcher der oberen Leiste wird der Faden zum Aufhängen gezogen.

In die untere Leiste wird eine Schrauböse gedreht, durch die die Schnur für das Tier gezogen wird. Das obere Motiv bleibt hier beim Klettern ruhig.

An den Enden der Schnüre wird je eine Holzperle aufgefädelt und mit einem Knoten befestigt. Die Enden werden über einer Flamme leicht erhitzt, so daß sie nicht ausfransen.

Tip:
Bevor Sie die Holzleisten und -scheiben aufleimen, befestigen Sie sie zunächst mit Einmachgummis.
Auf diese Weise sehen Sie, ob das Tier richtig klettert und gerade hängt.

Schmetterling

Material:
- ❑ Sperrholz, 4 mm, 20 cm x 16 cm
- ❑ 1 Holzleiste, 6 cm x 1 cm x 1 cm
- ❑ 2 Holzscheiben, 0,7 mm dick, 2,5 cm Ø
- ❑ 2 Holzperlen, 1,5 cm Ø
- ❑ Nylonschnur, 2 mm Ø, 1,5 m lang
- ❑ Bohrer, 3 mm

Übertragen Sie die Vorlagen auf das Sperrholz, und sägen Sie die Teile aus.

Bohren Sie mit dem 3-mm-Bohrer die Löcher für die Schnüre in die Holzleiste und in die Holzscheiben. Diese werden auf die Rückseite des Schmetterlings, die Holzleiste auf die Rückseite der Blumen geleimt.

Nun werden die Teile bunt bemalt.

Ziehen Sie die Nylonschnur durch die Löcher, und verknoten Sie sie entsprechend der ersten Variante.

Maus

Material:

- ❑ Sperrholz, 4 mm, 20 cm x 17 cm
- ❑ 2 Holzleisten, 5 cm x 1 cm x 1 cm
- ❑ 2 Holzscheiben, 0,7 mm dick, 2,5 cm Ø
- ❑ 2 Holzperlen, 1,5 cm Ø
- ❑ Nylonschnur, 2 mm Ø, 1,5 m lang
- ❑ Bohrer, 3 mm und 2 mm
- ❑ 1 Schrauböse, 4 mm Ø
- ❑ fester Zwirn

Übertragen Sie die Vorlagen auf das Holz (das Ohr für die Maus zweimal), und sägen Sie die Teile aus.

Zuerst werden die Ohren der Maus auf den Körper geleimt.
Mit dem 3-mm-Bohrer bringen Sie die Löcher in den Holzscheiben an und leimen diese auf die Rückseite der Maus. In die eine Holzleiste wird nun die Schrauböse gedreht, in die andere werden mit dem 2-mm-Bohrer die beiden Löcher zum Aufhängen gebohrt. Leimen Sie die Holzleisten auf der Rückseite des Apfels auf.
Nun werden Apfel und Maus bunt bemalt.
Ziehen Sie die Nylonschnur entsprechend der zweiten Variante durch Löcher und Öse, und verknoten Sie sie. Den Zwirn ziehen Sie zum Aufhängen des Apfels durch die Löcher der oberen Holzleiste und verknoten ihn so, daß eine kleine Schlaufe entsteht. Nun kann die Maus klettern.

Maulwurf

Material:

- ❑ Sperrholz, 4 mm, 15 cm x 25 cm
- ❑ 1 Holzleiste (A), 6 cm x 1 cm x 1,5 cm
- ❑ 1 Holzleiste (B), 4,7 cm x 1 cm x 2,7 cm
- ❑ 2 Holzperlen, 1,5 cm Ø
- ❑ Nylonschnur, 3 mm Ø, 1,5 m lang
- ❑ Bohrer, 4 mm

Übertragen Sie die Vorlagen auf das Sperrholz, und sägen Sie die Teile aus.
Bohren Sie mit dem 4-mm-Bohrer die Löcher für die Schnüre gerade in die Holzleiste A. Diese Leiste wird auf die Rückseite des Maulwurfshügels geleimt. Die schrägen Löcher bohren Sie in die Holzleiste B, die auf die Rückseite des Maulwurfs geleimt wird.
Nun bemalen Sie den Maulwurf mit seinem Hügel.
Abschließend ziehen Sie die Nylonschnur durch die Löcher und verknoten sie entsprechend der ersten Variante. Der Maulwurfshügel wird sich beim Klettern mitbewegen.

Hinweis:
Natürlich können Sie jedes Klettertier auch entsprechend der anderen Variante aufhängen. Dazu müssen Sie nur die Holzleisten im oberen Motiv entsprechend abändern.

Schwingtiere

Aufhängen von Schwingtieren
Alle Schwingtiere wurden an einer Zugfeder aufgehängt, die in gut sortierten Bastelfachgeschäften erhältlich ist.

Am Körper des Schwingtieres wird eine Schrauböse befestigt, durch die ein Gummi gezogen wird, während an den Seitenteilen (z.B. Flügel) dünne Bindfäden angebracht werden. Gummi und Fäden werden zusammengenommen und das Tier angehoben. Die Länge von Gummi und Fäden wird nun so variiert, daß die Seitenteile waagerecht stehen, dann wird alles mit einem Knoten zusammengehalten. Die nach unten gebogene letzte Windung der Spirale verhindert unten das versehntliche Abgleiten des Knotens aus Fäden und Hutgummi. Die nach oben gebogene erste Windung der Spirale erleichtert das Aufhängen an der Decke.

Aufhängen eines Schwingtieres

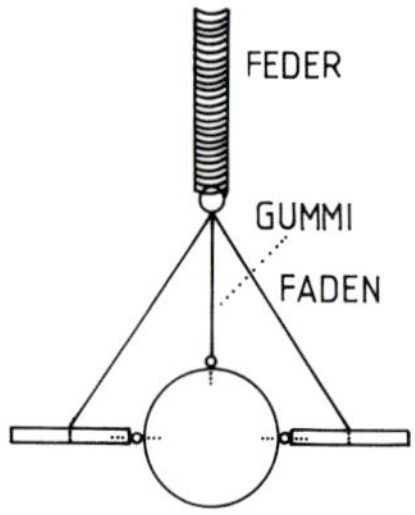

Die Flügel werden mit Schraubösen am Körper befestigt. Dazu werden die Ösen in den Flügeln mit einer Zange leicht aufgebogen, der Körper eingehängt und die Ösen vorsichtig wieder zugebogen.

Drache

Material:
- ❑ Vollholz, 18 mm, 20 cm x 14 cm
- ❑ Sperrholz, 4 mm, 12 cm x 18 cm
- ❑ 2 Wackelaugen, 1 cm Ø
- ❑ 9 Schrauben, 3 mm Ø
- ❑ 1 Zugfeder
- ❑ Bohrer, 1 mm und 2 mm
- ❑ Hutgummi
- ❑ gelber Bindfaden

Zuschnitt:
- ❑ 1 Körper aus Vollholz
- ❑ 2 Flügel aus Sperrholz

Übertragen Sie den Körper und die Flügel auf das Holz, und sägen Sie die Teile aus.

Bohren Sie mit dem 1-mm-Bohrer in die Flügel je zwei Löcher, durch die zum Schluß der Bindfaden zum Aufhängen gezogen werden kann. Drehen Sie die Schraubösen in den Drachenkörper und in die Innenseiten der Flügel. Achten Sie darauf, daß der Abstand der Ösen in den Flügeln mit dem Abstand der Ösen im Körper übereinstimmt! Die Nasenlöcher werden mit dem 2-mm-Bohrer etwa 3 mm tief gebohrt.

Nach dem Bemalen des Drachens werden die Wackelaugen aufgeklebt und die Flügel am Körper eingehängt. Nun kann der Drache aufgehängt werden.

Marienkäfer

Material:

- ❑ Vollholz, 2,5 cm,
  7 cm x 14 cm
- ❑ Sperrholz, 4 mm,
  20 cm x 20 cm
- ❑ 2 Wackelaugen, 10 mm Ø
- ❑ 17 Schrauhösen, 3 mm Ø
- ❑ 2 Holzleisten,
  5 cm x 1 cm x 0,5 cm
- ❑ 1 Zugfeder
- ❑ Bohrer, 1 mm
- ❑ Hutgummi
- ❑ Bindfaden

Zuschnitt:

- ❑ 1 Körper aus Vollholz
- ❑ 2 Flügel aus Sperrholz

Übertragen Sie die Vorlagen auf das entsprechende Holz, und sägen Sie die Teile aus.

Bohren Sie mit dem 1-mm-Bohrer die acht Löcher zum Aufhängen in die Flügel, und drehen Sie die Schraubösen in den Körper.
Die Beine werden an den zwei Holzleisten befestigt. Sägen Sie dazu in jede Holzleiste drei kleine Kerben, in die die Beine hineingeleimt werden.

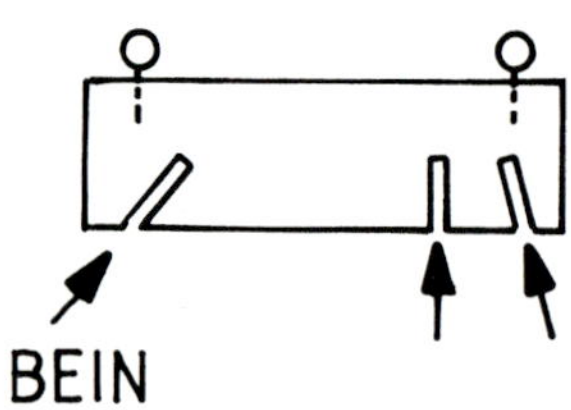

Befestigen der Marienkäferbeine

Besonders schön sieht es aus, wenn die Beine nicht genau parallel zueinander stehen, sondern etwas auseinanderliegen. Der Marienkäfer hat vorne ein Bein und hinten zwei Beine dicht nebeneinander.

Drehen Sie nun in die Holzleisten und in die Flügel je zwei Schraubösen, und zwar exakt in dem Abstand, in dem auch die Ösen im Körper zueinander stehen.

Nachdem Sie die Marienkäferteile angemalt haben, werden die Wackelaugen aufgeklebt und Beine sowie Flügel im Körper eingehängt.

Zum Aufhängen des Marienkäfers ziehen Sie den Bindfaden durch die zwei äußeren Löcher in den Flügeln. Damit sich die Beine beim Schwingen auch bewegen, binden Sie ein Stück Bindfaden je um das mittlere Bein und ziehen es durch die beiden inneren Löcher in den Flügeln.

Hummel

Material:

- ❑ Vollholz, 2,6 cm, 15 cm x 9 cm
- ❑ Sperrholz, 6 mm, 6 cm x 10 cm
- ❑ Sperrholz, 4 mm, 34 cm x 16 cm
- ❑ 2 Wackelaugen, 16 mm Ø
- ❑ 9 Schraubösen, 3 mm Ø
- ❑ 1 Zugfeder
- ❑ Bohrer, 1 mm
- ❑ Japanpapier für die Flügel
- ❑ Hutgummi
- ❑ weißer Bindfaden

Zuschnitt:

- ❑ 1 Körper aus Vollholz
- ❑ 2 große Flügel aus 4-mm-Sperrholz
- ❑ 2 kleine Flügel aus 4-mm-Sperrholz
- ❑ 2 kleine Beine aus 4-mm-Sperrholz
- ❑ 2 mittlere Beine aus 4-mm-Sperrholz
- ❑ 2 große Beine aus 4-mm-Sperrholz
- ❑ 2 Bäuche aus 6-mm-Sperrholz

Übertragen Sie alle Vorlagenteile auf das entsprechende Holz, und sägen Sie die Teile aus. Bei den Flügeln besteht nur der schmale Rand aus Sperrholz.

Jeder Flügel wird nun mit Japanpapier bezogen. Schneiden Sie dazu das Papier etwas kleiner aus als die Flügel, und kleben Sie es auf die Flügeloberseiten. Bohren Sie mit dem 1-mm-Bohrer die Löcher zum Durchziehen des Bindfadens in die Flügelränder. Nun werden die kleinen Flügel etwas versetzt auf die großen Flügel aufgeklebt (siehe Zeichnung). Die Schmalseiten der Flügel – zum Körper hin – müssen eine gerade Linie bilden. Die Löcher für die Aufhängung liegen jeweils außen.

Schleifen Sie nun die Kanten der Bauchteile auf der Oberseite rund, und leimen Sie die beiden Teile an den angezeichneten Stellen auf den Körper. Der Bauch der Hummel wird dadurch schön dick und rund.

Die Beine werden an den markierten Stellen an den Hummelkörper angeleimt. Die kleinen Beine gehören an den Kopf, die großen Beine an das Hinterteil. Die mittleren Beine werden auch in der Mitte angebracht.

Abschließend wird die Hummel bemalt und aufgehängt (siehe Seite 26).

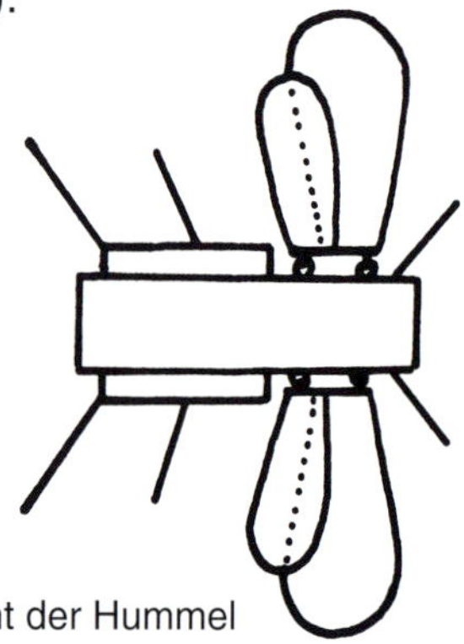

Ansicht der Hummel von oben

Vampir

Material:

- ❑ 1 Holzkugel mit Loch, 8 cm Ø
- ❑ 1 Holzkugel mit Loch, 5 cm Ø
- ❑ Sperrholz, 4 mm, 18 cm x 22 cm
- ❑ 3–4 rote Federn
- ❑ 9 Schraubösen, 3 mm Ø
- ❑ 1 Zugfeder
- ❑ Bohrer, 1 mm
- ❑ 10 Schaschlikspieße
- ❑ Holzspachtelmasse
- ❑ Hutgummi
- ❑ schwarzer Bindfaden

Zuschnitt:

- ❑ 2 Flügel aus Sperrholz
- ❑ 2 Füße aus Sperrholz

Die Flügel und Füße werden auf das Sperrholz übertragen und ausgesägt.
Kürzen Sie die Schaschlikspieße auf ca. 12 cm. Überziehen Sie sie mit Holzleim und verbinden Sie damit die beiden Holzkugeln. Achten Sie darauf, daß von den Spießen nichts mehr aus den Holzkugeln herausragt. Die Löcher werden mit Holzspachtel verschlossen.

Verbinden der Holzkugeln

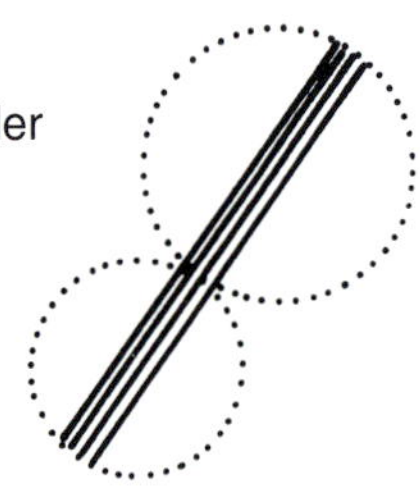

Leimen Sie die beiden Füße an dem Vampirkörper auf dem zugespachtelten Loch fest.

Drehen Sie die Schraubösen in die Flügel, wobei die Ösen parallel zueinander stehen müssen. Zeichnen Sie nun die Positionen der Schraubösen am Vampirkörper an. Orientieren Sie sich dabei an den beiden folgenden Zeichnungen.

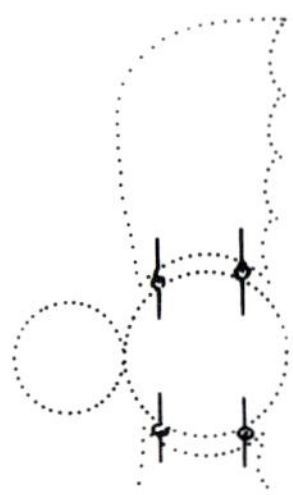

Vampir – Ansicht von oben

Vampir – Ansicht von der Seite

Bohren Sie die Löcher für die Schraubösen in dem Vampirkörper vor. Die obere, dritte Öse dient dem Befestigen des Hutgummibandes. Achten Sie dabei darauf, daß die Schraubösen von Körper und beiden Flügeln auf einer gedachten Achse liegen (die Löcher dürfen nicht zum Kugelmittelpunkt hin gebohrt werden).
Bemalen Sie erst jetzt den Vampir. Befestigen Sie nun die Flügel am Körper, und kleben Sie die Federn als Haare an. Hängen Sie den Vampir, wie auf Seite 26 beschrieben, an die Zugfeder.

Spinne

Material:

- ❑ Vollholz, 2,5 cm, 12 cm x 7 cm
- ❑ Sperrholz, 3 mm, 20 cm x 20 cm
- ❑ Holzscheibe, 2,5 cm Ø, 5 mm dick
- ❑ 9 Schraubösen, 3 mm Ø
- ❑ 2 Wackelaugen, 1 cm Ø
- ❑ 1 Zugfeder
- ❑ Hutgummi
- ❑ schwarzer Bindfaden

Zuschnitt:

- ❑ 1 Körper aus Vollholz
- ❑ 8 Beine aus Sperrholz

Übertragen Sie Körper und Beine auf das entsprechende Holz, und sägen Sie die Teile aus.

Drehen Sie die fünf Schraubösen in den Spinnenkörper. Für die Spinnenbeine sägen Sie die Holzscheibe in zwei gleiche Teile. In diese Holzscheibenteile werden je vier Kerben gesägt, in die die Beine gesteckt und festgeleimt werden. Die Kerben können mit der Laubsäge gearbeitet werden.

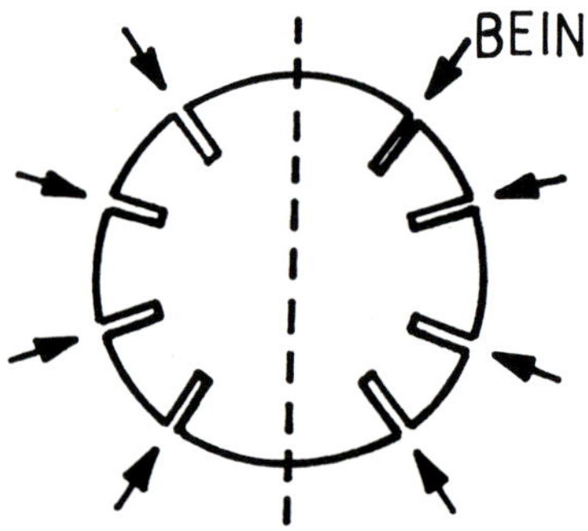

Befestigen der Spinnenbeine

Drehen Sie nun in die Holzscheibenhälften je zwei Schraubösen.

Der Abstand muß so gewählt werden, daß er identisch mit dem Abstand der Schraubösen im Spinnenkörper ist (dort sollen die Beine eingehängt werden). Die Beine der Spinne werden am Körper eingehängt, indem Sie die Schraubösen etwas aufbiegen und sie später wieder schließen.

Nun wird die Spinne angemalt. Die Wackelaugen werden aufgeklebt.

Durch die Öse an der Oberseite des Spinnenkörpers wird das Gummi zum Aufhängen gezogen.

Die Fäden werden je am dritten Bein von vorne in der Beinbeuge angebracht (einfach festgebunden). Nun kann das Tier aufgehängt werden.

Aufhängen der Mobiles

Die Punkte, an denen die Löcher zum Aufhängen gebohrt werden sollen, sind auf dem Vorlagenbogen genau eingezeichnet. Nachdem Sie die Vorlagen auf das Holz übertragen und später ausgesägt haben, ist es jedoch möglich, daß die ausgesägten Mobileteile nicht exakt mit den Vorlagen übereinstimmen. Dadurch sitzen die Punkte für die Löcher nicht mehr unbedingt so, daß die Mobileteile gerade aufgehängt werden können.

Tip:

Nehmen Sie ein Stück Draht (etwa 8 cm lang), und biegen Sie es zu einem Kreis. Klemmen Sie zwischen die offenen Enden ein Mobileteil, und lassen Sie es ganz locker nach unten hängen. So können Sie exakt die Stelle bestimmen, an der das Loch zum Aufhängen gebohrt werden muß. Beginnen Sie mit dem Aufhängen eines Mobiles immer von unten! Orientieren Sie sich beim Zusammenstellen der Mobiles an den Zeichnungen auf dem Vorlagenbogen.

Äpfel mit Würmern

Material:

- ❑ Sperrholz, 1 mm, 20 cm x 30 cm
- ❑ Bindfaden zum Aufhängen
- ❑ Bohrer, 1 mm (für die Aufhängung)

Zuschnitt:

- ❑ 1 großer Apfel (1)
- ❑ 2 kleine Äpfel (2a + 2b)
- ❑ je 1 Wurm (3–10)

Die kleinen Äpfel unterscheiden sich nur durch die Positionen der Löcher für die Aufhängung, die mit 2a bzw. 2b auf der Skizze bezeichnet sind.

Bohren Sie die Löcher für die Aufhängung, und bemalen Sie die ausgesägten Teile nach Ihrem Geschmack.

Stecken Sie die Würmer in die Äpfel. Da das dünne Sperrholz etwas nachgibt, ist dies problemlos möglich.

Zum Aufhängen der Mobileteile werden die Fäden durch die entsprechenden Löcher gezogen und verknotet. Sollten die Löcher mit Farbe verklebt sein, stechen Sie sie mit einer Stecknadel nochmals durch.

Gespenster

Material:

- ❑ Sperrholz, 1 mm, 20 cm x 30 cm
- ❑ 3 Rundhölzer, 3 mm Ø, 2 x 10 cm lang, 1 x 35 cm lang
- ❑ Bindfaden zum Aufhängen
- ❑ Bohrer, 1 mm, für die Aufhängung

Zuschnitt:

- ❑ je 1 Gespenst (1–5)
- ❑ 5 Sterne
- ❑ 1 Mond
- ❑ 1 Schloß

Drei der fünf Sterne werden mit je einem Loch für die Aufhängung versehen, die beiden übrigen Sterne erhalten je zwei Löcher (das zusätzliche Loch ist auf der Vorlage in Klammern eingezeichnet). Nachdem Sie die ausgesägten Teile mit Löchern versehen und bemalt haben, stellen Sie das Mobile von unten her zusammen (siehe Skizze auf dem Vorlagenbogen). Lassen Sie sich nicht irritieren – die Gespenster sind ständig in Bewegung. Durch das Verschieben der Fäden auf den Holzstäben wird das Mobile ins Gleichgewicht gebracht.

Fische

Material:
- ❑ Sperrholz, 3 mm, 20 cm x 30 cm
- ❑ Bindfaden zum Aufhängen
- ❑ Bohrer, 1 mm

Zuschnitt:
- ❑ 3 große Wellen (1-3)
- ❑ je 1 großer Fisch (4-8)
- ❑ 3 kleine Fische (9)
- ❑ 1 mittlerer Fisch (10)
- ❑ je 1 kleine Welle (11-22)

Drei der kleinen Fische erhalten je ein Loch für die Aufhängung oben, ein Fisch bekommt zwei Löcher (das zusätzliche Loch ist auf der Vorlage in Klammern eingezeichnet). Versehen Sie die ausgesägten Holzteile mit Löchern für die Aufhängung, und bemalen Sie sie nach Ihrem Geschmack.
Die drei großen Wellen werden statt Holzstäbchen verwendet. An ihnen werden die Fische und die kleinen Wellen aufgehängt (siehe Skizze auf dem Vorlagenbogen). Lassen Sie sich nicht irritieren, die Fische schwimmen munter hin und her.

Schmetterlinge

Material:

- ❑ Sperrholz, 3 mm, 30 cm x 30 cm
- ❑ 3 Rundhölzer, 3 mm Ø, 2 x 17 cm lang, 1x 27 cm lang
- ❑ Bindfaden zum Aufhängen
- ❑ Bohrer, 1 mm, für die Aufhängung

Zuschnitt:

- ❑ je 2 Flügel
- ❑ 8 Körper

Die Ansatzlinie für die Flügel ist auf dem Körper gestrichelt eingezeichnet. Sie wird mit Bleistift dünn übertragen.
Bevor die Schmetterlinge zusammengeklebt werden können, müssen die entsprechenden Flügelkanten abgeschrägt werden. Legen Sie die jeweils passenden Flügelhälften vor sich auf den Tisch, und markieren Sie die Kanten, die abgeschliffen werden müssen.

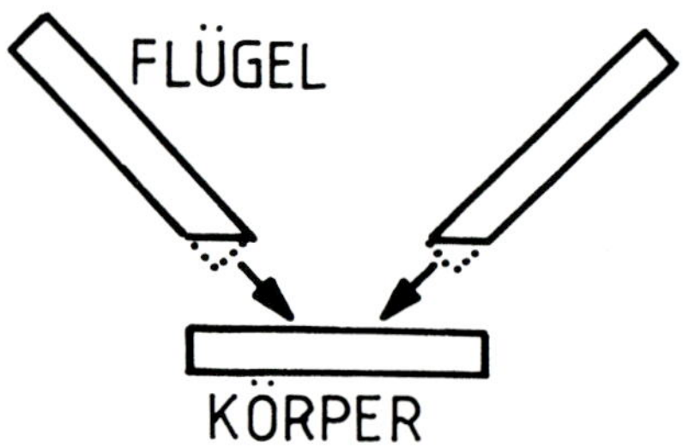

Abschleifen der Flügelkanten

Nun schleifen Sie die angezeichneten Kanten im Winkel von etwa 45° ab und leimen die Flügelhälften entlang der gepunkteten Linie auf einen Schmetterlingskörper. Nach dem Trocknen des Holzleims bohren Sie die Löcher für die Aufhängung und bemalen die Schmetterlinge bunt. Prüfen Sie vor dem Bohren der Löcher, ob die Schmetterlinge waagerecht hängen werden oder ob die Löcher anders angebracht werden müssen.
Zum Aufhängen der Schmetterlinge wird ein Faden durch die vier Löcher der Flügel gezogen und verknotet. Er sollte möglichst locker sitzen. Daran wird nun ein weiterer Faden befestigt, der an einem der Holzstäbe festgebunden wird.

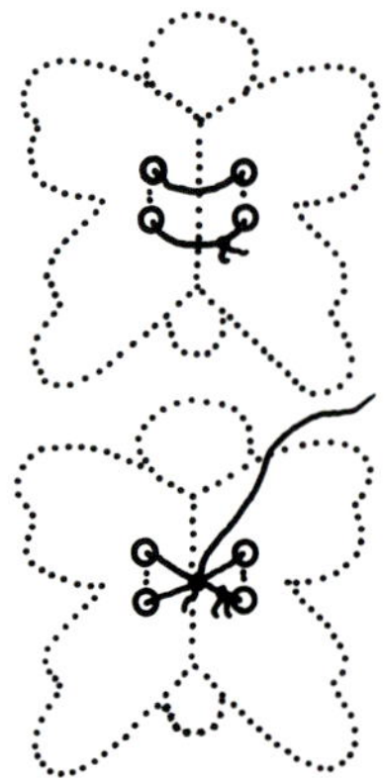

Aufhängen der Schmetterlinge

Eine Skizze für die Anordnung der Schmetterlinge finden Sie auf dem Vorlagenbogen.
Sollten die Schmetterlinge nach vorne oder hinten tendieren, dann ziehen Sie den Faden, der durch die Flügel gezogen ist, in die Richtung des herunterhängenden Schmetterlingteils. Dadurch wird der Punkt der Aufhängung verlagert, so daß sich auch die Lage des Schmetterlings verändert.

Gespenster

Material für Mutter und Kind:

- ❑ Sperrholz, 1 cm,
  27 cm x 32 cm

Material für laufendes Gespenst:

- ❑ Sperrholz, 1 cm,
  14 cm x 16 cm

Material für liegendes Gespenst:

- ❑ Sperrholz, 1 cm,
  20 cm x 20 cm

Übertragen Sie die Vorlage auf das Sperrholz, und sägen Sie das oder die Gespenster aus.

Die Gespenster wurden zunächst mit einem dunklen Holzwachs behandelt.

Benutzen Sie für die Augen kräftige, stark deckende Farben, damit diese gut zu sehen sind.

Tip:
Die Türwächter sehen nicht nur auf Türrahmen schön aus, sondern in verkleinerter Ausgabe auch auf Bilderrahmen.

Schnecke

Material:

- ❑ Sperrholz, 1 cm,
  22 cm x 22 cm
- ❑ Bohrer, 8 mm

Übertragen Sie die Vorlage auf das Sperrholz, und sägen Sie die Schnecke aus.
Verwenden Sie dazu unbedingt ein Sägeblatt Nr. 3 oder stärker.

Um dem Schneckenhaus ein schönes Aussehen zu verleihen, werden die angezeichneten Linien nachgesägt. Damit sie auch zur Geltung kommen, darf das Sägeblatt nicht zu fein sein.

Das Auge wird vorsichtig mit einem 8-mm-Bohrer gebohrt. Abschließend können Sie die Schnecke mit einem farbigen Holzwachs behandeln.

Igel

Material:

- ❑ Sperrholz, 1 cm,
  27 cm x 12 cm
- ❑ Bohrer, 8 mm

Übertragen Sie die Vorlage auf das Sperrholz, und sägen Sie den Igel mit dem Apfel zusammenhängend aus.

Das Auge des Igels wird mit dem 8-mm-Bohrer vorsichtig gebohrt. Abschließend können Sie den Igel mit einem Wachs behandeln, damit er etwas Farbe bekommt.

Arbeiten aus Holzresten

Suchen Sie eine lustige Überraschung für den nächsten Kindergeburtstag?
Diese kleinen Tiere eignen sich sehr gut dafür.

Jedes Kind bekommt für sein Trinkglas ein anderes Tier, so daß die Gläser nicht mehr so schnell verwechselt werden können.

Am Ende des Festes darf jedes Kind „sein Tier“ mit nach Hause nehmen.

Sie können diese Tiere z.B. auch für die Dekoration von Blumenvasen verwenden.

Material:

- ❑ Sperrholzreste aller Art und Größe

Übertragen Sie die Vorlagen auf das Sperrholz, und sägen Sie die Teile aus.

Abschließend werden die Tiere gewachst oder bemalt.

Zum Thema „Arbeiten mit Holz" sind im frechverlag weitere Titel erschienen.
Hier eine Auswahl:

TOPP 1721

TOPP 1459

TOPP 2121

TOPP 1520